1 □に あう かずを  〔もん 5てん〕

① 1 と 1 で □

✳ ✳ → ✳✳

□

✳✳✳ ✳ → ✳✳✳✳

② 2 と 1 で □

✳✳ ✳ → ✳✳✳

④ 3 と 2 で □

✳✳✳ ✳✳ → ✳✳✳✳✳

2 たして 5 ●●●●● に なる かあどを つくります。
□に かずを かきましょう。 〔1もん 3てん〕

① 4 + □ ●●●●

④ 3 + □ ●●●

② □ + 2 ●●

⑤ □ + 3 ●●●

③ 2 + □ ●●

うらも やってね。

★ 1 ★

③ たしざんを しましょう。 【1もん 5てん】

① 1 + 1 =

② 2 + 1 =

③ 3 + 1 =

④ 4 + 1 =

⑤ 1 + 2 =

⑥ 2 + 2 =

④ たしざんを しましょう。 【1もん 5てん】

① 1 + 3 =

② 1 + 4 =

③ 1 + 2 =

④ 4 + 0 =

⑤ 2 + 2 =

⑥ 2 + 3 =

⑦ 3 + 2 =

> こたえあわせを して、
> まちがえた もんだいは
> なおしを しよう！

> 0 を たしても、
> かずは ふえないよ。

1 つぎの かずを 2つの かずに わけます。
□に あう かずを かきましょう。 【1もん 4てん】

① 3 •••

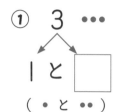

1 と □

(• と ••)

② 3

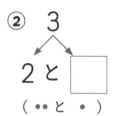

2 と □

(•• と •)

③ 4 ••••

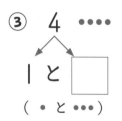

1 と □

(• と •••)

④ 4

2 と □

⑤ 5 •••••

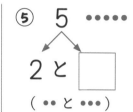

2 と □

(•• と •••)

⑥ 5

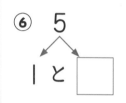

1 と □

⑦ 5

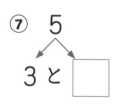

3 と □

⑧ 5

4 と □

⑨ 6 ••••••

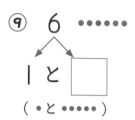

1 と □

(• と •••••)

⑩ 6

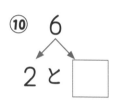

2 と □

⑪ 6

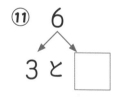

3 と □

うらの
もんだいも
がんばろう！

2 つぎの かずを 2つの かずに わけます。
□に あう かずを かきましょう。【1もん 4てん】

① 7 •••••••
2 と □
(•• と ••••)

⑥ 8 •••••••••
1 と □
(• と •••••••)

⑪ 9 •••••••••
1 と □
(• と ••••••••)

② 7
1 と □

⑦ 8
3 と □

⑫ 9
2 と □

③ 7
3 と □

⑧ 8
2 と □

⑬ 9
3 と □

④ 7
4 と □

⑨ 8
4 と □

⑭ 9
4 と □

⑤ 7
5 と □

⑩ 8
5 と □

3 いくつと いくつ②

がつ にち

てん

1 □に あう かずを かきましょう。 【1もん 3てん】

① 3は 1と [2]

② 4は 1と □

③ 2は 1と □

④ 5は 1と □

⑤ 8は 1と □

⑥ 6は 1と □

2 □に あう かずを かきましょう。 【1もん 4てん】

① 4は 2と □

② 5は 2と □

③ 7は 2と □

④ 6は 2と □

⑤ 6は 3と □

⑥ 8は 3と □

⑦ 9は 3と □

⑧ 4は 3と □

5

3 □に あう かずを かきましょう。 【1もん 4てん】

① 6は 4と □　⑤ 7は 5と □

② 5は 4と □　⑥ 9は 5と □

③ 8は 4と □　⑦ 6は 5と □

④ 7は 4と □　⑧ 8は 5と □

4 □に あう かずを かきましょう。 【1もん 3てん】

① 8は 6と □　④ 9は 7と □

② 9は 6と □　⑤ 9は 8と □

③ 7は 6と □　⑥ 8は 7と □

こたえあわせを して
まちがえた ところは
しっかり おぼえてね。

1 たしざんを しましょう。 【1もん 3てん】

① 4 + 1 =

② 5 + 1 =

③ 6 + 1 =

④ 8 + 1 =

⑤ 7 + 1 =

⑥ 9 + 1 =

2 たしざんを しましょう。 【1もん 3てん】

① 4 + 2 =

② 3 + 2 =

③ 5 + 2 =

④ 6 + 2 =

⑤ 8 + 2 =

⑥ 7 + 2 =

3 たしざんを しましょう。

① 2 + 3 =

② 3 + 3 =

③ 5 + 3 =

④ 6 + 3 =

⑤ 4 + 3 =

⑥ 7 + 3 =

4 たしざんを しましょう。

① 1 + 4 =

② 3 + 4 =

③ 4 + 4 =

④ 6 + 4 =

⑤ 5 + 4 =

5 たしざんを しましょう。

① 1 + 5 =

② 3 + 5 =

③ 2 + 5 =

④ 4 + 5 =

⑤ 5 + 5 =

たしざんを
しっかり
おぼえよう！

1 たしざんを しましょう。　　　【1もん 3てん】

① 1 + 4 =

② 3 + 4 =

③ 2 + 4 =

④ 4 + 4 =

⑤ 4 + 3 =

⑥ 4 + 2 =

 2 たしざんを しましょう。　　　【1もん 3てん】

① 2 + 5 =

② 4 + 5 =

③ 3 + 5 =

④ 5 + 5 =

⑤ 5 + 4 =

⑥ 5 + 3 =

3 たしざんを しましょう。 【1もん 5てん】

① 6 + 2 =

⑤ 8 + 1 =

② 2 + 6 =

⑥ 1 + 8 =

> 6+2と おなじだね。

③ 7 + 2 =

⑦ 1 + 9 =

④ 2 + 7 =

⑧ 2 + 8 =

 4 たしざんを しましょう。 【1もん 4てん】

① 6 + 3 =

④ 4 + 6 =

② 3 + 6 =

⑤ 4 + 4 =

③ 3 + 7 =

⑥ 4 + 5 =

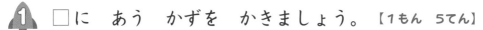

○がつ ○にち

てん

🚀1 □に あう かずを かきましょう。 【1もん 5てん】

① 10は
9と □

② 10は
8と □

④ 10は
6と □

③ 10は
7と □

⑤ 10は
5と □

🚀2 あと いくつで 10に なりますか。□に
あう かずを かきましょう。 【1もん 10てん】

① 9は あと □ で 10に なります。

② 8は あと □ で 10に なります。

③ 6は あと □ で 10に なります。

3 あと いくつで 10に なりますか。□に あう
かずを かきましょう。　【1もん 5てん】

① 8は あと □ で 10に なります。

② 7は あと □ で 10に なります。

③ 9は あと □ で 10に なります。

④ 6は あと □ で 10に なります。

4 たして 10に なる かあどを つくります。
□に あう かずを かきましょう。　【1もん 5てん】

① 5 + □

② □ + 8

③ 6 + □

④ 9 + □

⑤ □ + 7

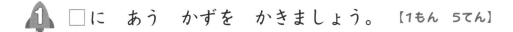

| 1 | 2 | 3 | 4 | 5 | 6 | 7 | 8 | 9 | 10 |

1 □に あう かずを かきましょう。 【1もん 5てん】

① 10は 5と □

② 10は 4と □

③ 10は 3と □

④ 10は 2と □

⑤ 10は 1と □

たして 10に なるのは…。

2 あと いくつで 10に なりますか。□に あう
かずを かきましょう。 【1もん 5てん】

① 4は あと □ で 10に なります。

② 2は あと □ で 10に なります。

③ 3は あと □ で 10に なります。

④ 1は あと □ で 10に なります。

3 あと いくつで 10に なりますか。□に あう
かずを かきましょう。　　　　　　　【1もん 5てん】

① 5は あと □ で 10に なります。

② 3は あと □ で 10に なります。

③ 2は あと □ で 10に なります。

④ 4は あと □ で 10に なります。

4 あわせて 10に なるように □に あう かずを
かきましょう。　　　　　　　　【1もん 5てん】

① | 1 |─| □ |

② | 3 |─| □ |

③ | 4 |─| □ |

④ | 2 |─| □ |

⑤ | 5 |─| □ |

⑥ | □ |─| 8 |

⑦ | □ |─| 9 |

たして 10に なる
かずを しっかり
おぼえよう。

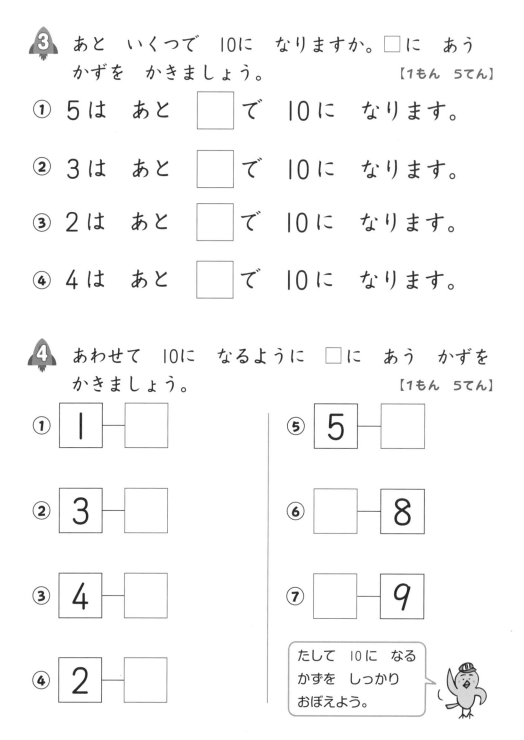

1 □に あう かずを かきましょう。【1もん 5てん】

① 10と 2で 12

② 10と 3で □

③ 10と 5で □

④ 10と □ で 14

⑤ 10と □ で 18

⑥ 13は 10と □

⑦ 17は 10と □

⑧ 11は 10と □

⑨ 16は □ と 6

⑩ 19は □ と 9

うらの もんだいも
がんばろう！

2 たしざんを しましょう。

① 10 + 1 =

② 10 + 5 =

③ 10 + 8 =

④ 6 + 10 =

⑤ 4 + 10 =

⑥ 10 + 2 =

⑦ 7 + 10 =

⑧ 10 + 3 =

⑨ 9 + 10 =

⑩ 10 + 10 =

> つぎは くりあがる
> たしざんだよ。
> 9たす いくつ から
> がんばろう！

9 ★ 9たす いくつ

1 9 + 3の けいさんを かんがえます。□に あう
かずを かきましょう。 【□1つ 5てん】

9は あと □ で 10です。
3を 1と 2に わけて,
10のまとまりを
かんがえます。

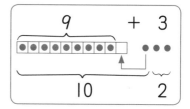

```
  9  +  3
 /  \
9+1+ □
 ↓    ↓
10 + □
```

9+3は 10+2と
おなじに なるね。
10+2は 12だね。

2 たしざんを しましょう。 【1もん 5てん】

① 9 + 4 =

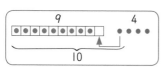

② 9 + 5 =

③ 9 + 6 =

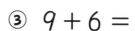

④ 9 + 7 =

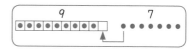

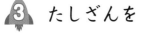 **3** たしざんを しましょう。 【1もん 5てん】

① $9 + 3 =$

② $9 + 4 =$

③ $9 + 2 =$

④ $9 + 6 =$

⑤ $9 + 8 =$

⑥ $9 + 9 =$

 4 たしざんを しましょう。 【1もん 5てん】

① $9 + 5 =$

② $9 + 7 =$

③ $9 + 2 =$

④ $9 + 9 =$

⑤ $9 + 4 =$

⑥ $9 + 8 =$

⑦ $9 + 6 =$

9は あと 1で
10に なるね。

18

1 8 + 3の けいさんを かんがえます。□に あう
かずを かきましょう。 【□1つ 5てん】

8は あと □ で 10です。
3を 2と 1に わけて,
10の まとまりを
かんがえます。

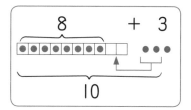

8 + 3

8 + 2 + □

10 + □

8＋3 は 10＋1と
おなじに なるね。
10＋1は 11だね。

2 たしざんを しましょう。 【1もん 5てん】

① 8 + 4 =

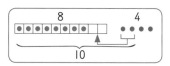

③ 8 + 6 =

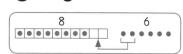

② 8 + 5 =

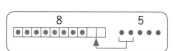

④ 8 + 7 =

3 たしざんを しましょう。 【1もん　5てん】

① 8 + 3 =

④ 8 + 6 =

② 8 + 4 =

⑤ 8 + 7 =

③ 8 + 5 =

⑥ 8 + 9 =

 4 たしざんを しましょう。 【1もん　5てん】

① 8 + 5 =

⑤ 8 + 8 =

② 8 + 9 =

⑥ 8 + 4 =

③ 8 + 3 =

⑦ 8 + 7 =

④ 8 + 6 =

8は あと　2で
10に　なるね。

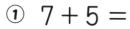

1 たしざんを　しましょう。　　　【1もん　5てん】

① 7 + 5 =

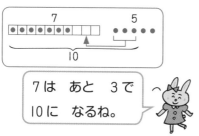

7は　あと　3で
10に　なるね。

② 7 + 7 =

③ 7 + 4 =

④ 7 + 6 =

⑤ 7 + 8 =

2 たしざんを　しましょう。　　　【1もん　5てん】

① 6 + 5 =

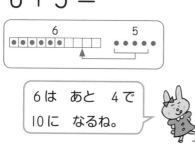

6は　あと　4で
10に　なるね。

② 6 + 7 =

③ 6 + 9 =

④ 6 + 6 =

3 たしざんを しましょう。 【1もん 5てん】

① 7 + 4 =

② 7 + 7 =

③ 7 + 5 =

④ 7 + 6 =

⑤ 7 + 8 =

⑥ 7 + 9 =

⑦ 6 + 6 =

⑧ 6 + 5 =

⑨ 6 + 9 =

⑩ 6 + 7 =

⑪ 6 + 8 =

おわったら
こたえあわせを して,
まちがえた ところは
なおしてね。

1 たしざんを しましょう。 【1もん 5てん】

① $5 + 6 =$

5と 5で
10だね。

② $5 + 7 =$

③ $5 + 8 =$

④ $5 + 9 =$

2 たしざんを しましょう。 【1もん 5てん】

① $4 + 8 =$

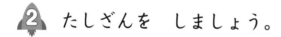

4は あと
6で 10だね。

② $4 + 7 =$

③ $4 + 9 =$

④ $3 + 8 =$

3は あと 7で 10,
8は あと 2で 10,
どちらで かんがえても
いいよ。

⑤ $2 + 9 =$

3 たしざんを しましょう。 【1もん 5てん】

① 5 + 6 =

② 3 + 8 =

③ 5 + 7 =

④ 2 + 8 =

⑤ 2 + 9 =

⑥ 5 + 9 =

⑦ 4 + 8 =

⑧ 4 + 9 =

⑨ 5 + 8 =

⑩ 4 + 7 =

⑪ 3 + 9 =

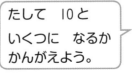 たして 10と
いくつに なるか
かんがえよう。

がつ　にち

てん

1 たしざんを しましょう。 　　　【1もん 5てん】

① 9 + 1 =

② 9 + 2 =

③ 8 + 3 =

④ 8 + 4 =

⑤ 7 + 4 =

⑥ 7 + 5 =

⑦ 6 + 4 =

⑧ 6 + 5 =

⑨ 6 + 6 =

⑩ 5 + 6 =

できたかな？ うらの もんだいに すすんでね！

2 たしざんを しましょう。 【1もん 5てん】

① $9 + 3 =$

② $6 + 6 =$

③ $7 + 5 =$

④ $4 + 7 =$

⑤ $8 + 4 =$

⑥ $5 + 6 =$

 3 こたえが 11に なる かあどを つくります。
□に あう かずを かきましょう。 【1もん 5てん】

① $9 + \square$

② $7 + \square$

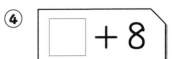

③ $\square + 6$

④ $\square + 8$

おわったら こたえあわせを して,
まちがえた ところを なおそうね。

🚀 **1** たしざんを しましょう。　　　【1もん　5てん】

① 9 + 2 =

② 9 + 3 =

③ 9 + 4 =

④ 9 + 5 =

⑤ 8 + 4 =

⑥ 8 + 5 =

⑦ 8 + 6 =

⑧ 7 + 5 =

⑨ 7 + 6 =

⑩ 7 + 7 =

うらの　もんだいも　ガンバレ！

2 たしざんを しましょう。　　　　【1もん 4てん】

① 9 + 4 =

② 5 + 9 =

③ 5 + 7 =

④ 8 + 6 =

⑤ 8 + 5 =

⑥ 6 + 8 =

⑦ 5 + 8 =

⑧ 6 + 7 =

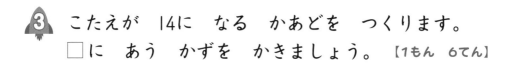 **3** こたえが 14に なる かあどを つくります。
□に あう かずを かきましょう。　【1もん 6てん】

① 9 + □

② 8 + □

③ □ + 7

 くりあがる たしざんを
しっかり おぼえようね。

○がつ ○にち

てん

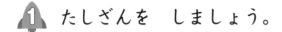

1 たしざんを しましょう。　　【1もん 5てん】

① 9 + 5 =

② 9 + 7 =

③ 9 + 9 =

④ 8 + 7 =

⑤ 8 + 9 =

⑥ 9 + 6 =

⑦ 9 + 8 =

⑧ 8 + 6 =

⑨ 8 + 8 =

⑩ 7 + 8 =

ガンバレ！ うらに すすもう！

2 たしざんを しましょう。 　【1もん　4てん】

① $9 + 6 =$ 　　　　⑤ $9 + 7 =$

② $6 + 9 =$ 　　　　⑥ $7 + 8 =$

③ $8 + 9 =$ 　　　　⑦ $9 + 9 =$

④ $6 + 8 =$ 　　　　⑧ $8 + 8 =$

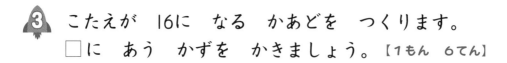 **3** こたえが 16に なる かあどを つくります。
□に あう かずを かきましょう。【1もん　6てん】

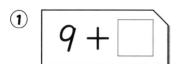

① $9 + \boxed{}$ 　　　③ $\boxed{} + 8$

② $7 + \boxed{}$

よく がんばったね！
まちがえた ところは
なおしてね。

16 たしざんの まとめ

がつ にち

てん

1 たしざんを しましょう。 【1もん 6てん】

① 2 + 8 =

② 3 + 7 =

③ 5 + 6 =

④ 9 + 5 =

⑤ 7 + 8 =

⑥ 7 + 5 =

⑦ 4 + 9 =

⑧ 6 + 9 =

⑨ 8 + 8 =

⑩ 9 + 9 =

たしざんの ふくしゅうだよ。うらの もんだいも がんばって！

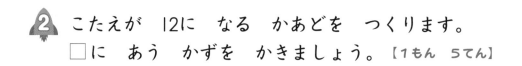

2 こたえが 12に なる かあどを つくります。
□に あう かずを かきましょう。【1もん 5てん】

① 5 + □

③ □ + 6

② 8 + □

④ □ + 9

3 こたえが おなじ かあどを ——せん——で むすびましょう。
【1もん 5てん】

① 9 + 4 ・　・ 8 + 6

② 7 + 7 ・　・ 5 + 8

③ 8 + 7 ・　・ 7 + 4

④ 3 + 8 ・　・ 9 + 6

ヤッターッ！ たしざんは おわり！ つぎは ひきざんだよ。

10までの　かず からの　ひきざん①

1 ひきざんを　しましょう。　【1もん　3てん】

① 3 − 2 =

② 4 − 1 =

③ 4 − 2 =

④ 5 − 2 =

⑤ 5 − 4 =

⑥ 5 − 3 =

2 ひきざんを　しましょう。　【1もん　3てん】

① 6 − 1 =

② 6 − 2 =

③ 6 − 3 =

④ 6 − 4 =

3 ひきざんを　しましょう。　【1もん　4てん】

① 7 − 2 =

② 7 − 3 =

③ 7 − 5 =

④ 7 − 6 =

4 ひきざんを　しましょう。 【1もん　3てん】

① $8 - 1 =$

② $8 - 3 =$

③ $8 - 4 =$

④ $8 - 7 =$

⑤ $8 - 6 =$

⑥ $8 - 5 =$

5 ひきざんを　しましょう。 【1もん　3てん】

① $9 - 1 =$

② $9 - 3 =$

③ $9 - 8 =$

④ $9 - 7 =$

⑤ $9 - 6 =$

⑥ $9 - 5 =$

6 ひきざんを　しましょう。 【1もん　3てん】

① $10 - 1 =$

② $10 - 3 =$

③ $10 - 5 =$

④ $10 - 2 =$

⑤ $10 - 7 =$

⑥ $10 - 6 =$

1 ひきざんを しましょう。 【1もん 3てん】

① 4－1＝

② 8－1＝

③ 7－2＝

④ 6－2＝

⑤ 9－2＝

⑥ 5－2＝

2 ひきざんを しましょう。 【1もん 3てん】

① 4－3＝

② 6－3＝

③ 8－3＝

④ 10－4＝

⑤ 7－4＝

⑥ 6－4＝

うらの もんだいも
がんばろう！

3 ひきざんを しましょう。 【1もん 4てん】

① $6 - 5 =$ 　　　　⑤ $9 - 6 =$

② $9 - 5 =$ 　　　　⑥ $8 - 7 =$

③ $10 - 5 =$ 　　　　⑦ $10 - 7 =$

④ $8 - 6 =$ 　　　　⑧ $9 - 8 =$

 4 ひきざんを しましょう。 【1もん 4てん】

① $6 - 1 =$ 　　　　⑤ $9 - 4 =$

② $7 - 3 =$ 　　　　⑥ $10 - 2 =$

③ $8 - 6 =$ 　　　　⑦ $7 - 5 =$

④ $5 - 3 =$ 　　　　⑧ $8 - 2 =$

1 ひきざんを　しましょう。　　　【1もん　5てん】

① $12-10=$

④ $15-10=$

② $14-10=$

⑤ $13-10=$

③ $18-10=$

⑥ $16-10=$

2 ひきざんを　しましょう。　　　【1もん　4てん】

① $12-2=$

④ $15-5=$

② $14-4=$

⑤ $13-3=$

③ $17-7=$

3 □に あう かずを かきましょう。【1もん 5てん】

① 14は 10と □

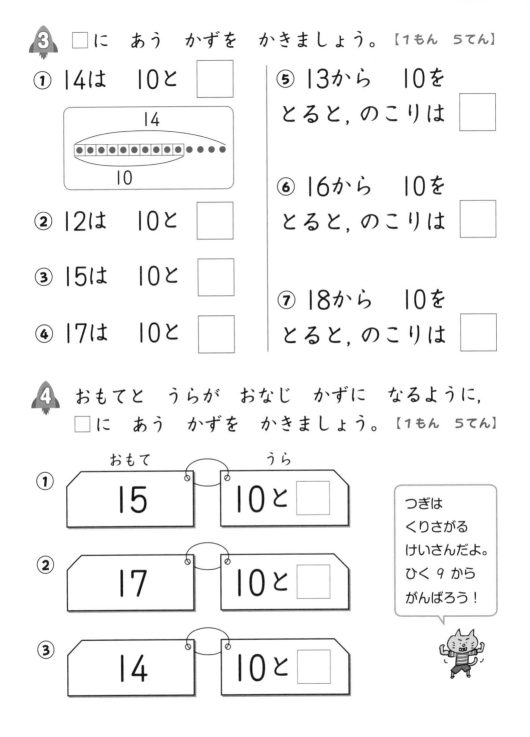

② 12は 10と □

③ 15は 10と □

④ 17は 10と □

⑤ 13から 10を とると, のこりは □

⑥ 16から 10を とると, のこりは □

⑦ 18から 10を とると, のこりは □

4 おもてと うらが おなじ かずに なるように, □に あう かずを かきましょう。【1もん 5てん】

① おもて 15 うら 10と □

② 17 10と □

③ 14 10と □

つぎは くりさがる けいさんだよ。 ひく 9 から がんばろう！

1 12−9の　けいさんを　かんがえます。□に　あう
かずを　かきましょう。　　　　　【1もん　5てん】

$$12 - 9 = 3$$

10　　2

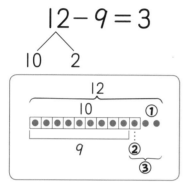

① 12を　10と　□に
わける。

② 10から　9を　ひいて
□。

③ □　と　2で　3。

2 ひきざんを　します。□に　あう　かずを
かきましょう。　　　　　【1もん　5てん】

① 13−9＝□

13
10　　　3
9　　こたえ

$$\begin{pmatrix} 13を　10と　3に　わける。 \\ 10-9=1 \\ 1+3=4 \end{pmatrix}$$

② 15−9＝□

15
9　　こたえ

③ 14−9＝□

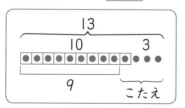

14
9

3 ひきざんを　しましょう。　　　【1もん　5てん】

① $11 - 9 =$

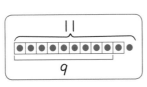

② $12 - 9 =$

③ $13 - 9 =$

④ $14 - 9 =$

⑤ $15 - 9 =$

⑥ $16 - 9 =$

⑦ $17 - 9 =$

⑧ $18 - 9 =$

4 ひきざんを　しましょう。　　　【1もん　5てん】

① $12 - 9 =$

② $16 - 9 =$

③ $13 - 9 =$

④ $18 - 9 =$

⑤ $15 - 9 =$

⑥ $11 - 9 =$

1 13−8の けいさんを かんがえます。□に あう
かずを かきましょう。 【1もん 5てん】

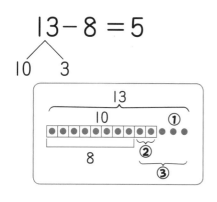

$$13 - 8 = 5$$

① 13を 10と □ に
わける。

② 10から 8を ひいて
□ 。

③ □ と 3で 5。

2 ひきざんを します。□に あう かずを
かきましょう。 【1もん 5てん】

① 14−8= □

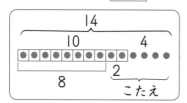

```
14を 10と 4に わける。
10−8=2
2+4=6
```

② 16−8= □

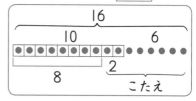

③ 12−8= □

3 ひきざんを しましょう。

① $11 - 8 =$

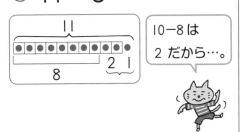

10−8は
2 だから…。

② $15 - 8 =$

③ $14 - 8 =$

④ $12 - 8 =$

⑤ $17 - 8 =$

⑥ $16 - 8 =$

⑦ $13 - 8 =$

4 ひきざんを しましょう。

① $15 - 8 =$

② $11 - 8 =$

③ $16 - 8 =$

④ $12 - 8 =$

⑤ $13 - 8 =$

⑥ $17 - 8 =$

⑦ $14 - 8 =$

🚀 ① ひきざんを しましょう。 【1もん 4てん】

① 12 − 7 =

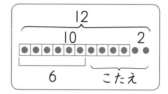

② 13 − 7 =

③ 14 − 7 =

④ 15 − 7 =

⑤ 16 − 7 =

⑥ 12 − 6 =

⑦ 11 − 6 =

⑧ 13 − 6 =

⑨ 15 − 6 =

⑩ 14 − 6 =

10−7は 3,
10−6は 4 だね。

2 ひきざんを　しましょう。 【1もん　5てん】

① 12 − 7 =

④ 14 − 7 =

② 11 − 7 =

⑤ 16 − 7 =

③ 15 − 7 =

⑥ 13 − 7 =

 **3** ひきざんを　しましょう。 【1もん　6てん】

① 13 − 6 =

④ 11 − 6 =

② 12 − 6 =

⑤ 14 − 6 =

③ 15 − 6 =

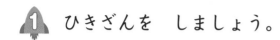

1 ひきざんを しましょう。

【1もん 5てん】

① $12 - 5 =$

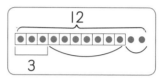

② $11 - 5 =$

③ $13 - 5 =$

④ $12 - 4 =$

⑤ $13 - 4 =$

⑥ $12 - 3 =$

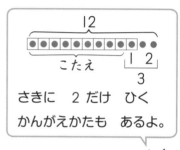

さきに 2 だけ ひく
かんがえかたも あるよ。

⑦ $11 - 3 =$

⑧ $11 - 2 =$

45

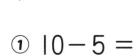 **ひきざんを しましょう。** 【1もん 5てん】

① $10 - 5 =$

② $11 - 5 =$

③ $13 - 5 =$

④ $12 - 5 =$

⑤ $14 - 5 =$

⑥ $11 - 4 =$

⑦ $12 - 4 =$

⑧ $13 - 4 =$

⑨ $10 - 3 =$

⑩ $12 - 3 =$

⑪ $11 - 3 =$

⑫ $11 - 2 =$

1 ひきざんを しましょう。 【1もん 5てん】

① 10 − 3 =

② 12 − 3 =

③ 11 − 4 =

④ 11 − 5 =

⑤ 12 − 5 =

⑥ 11 − 3 =

⑦ 11 − 2 =

⑧ 12 − 4 =

⑨ 11 − 6 =

⑩ 12 − 6 =

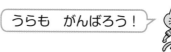

うらも がんばろう！

2 こたえが おなじ かあどを _{せん} —•———•で むすびま
しょう。

【1もん 5てん】

① $\boxed{11-7}$ •   • $\boxed{12-8}$

② $\boxed{12-4}$ •   • $\boxed{12-6}$

③ $\boxed{11-5}$ •   • $\boxed{11-3}$

3 ひきざんを しましょう。   【1もん 7てん】

① $11-9 =$ ④ $12-9 =$

② $12-8 =$ ⑤ $12-7 =$

③ $11-8 =$

まちがえた ところは
なおしを しよう。

がつ　にち

てん

1 ひきざんを　しましょう。　　【1もん　5てん】

① $10 - 4 =$

② $13 - 4 =$

③ $13 - 5 =$

④ $13 - 6 =$

⑤ $13 - 8 =$

⑥ $13 - 9 =$

⑦ $14 - 9 =$

⑧ $14 - 8 =$

⑨ $14 - 6 =$

⑩ $14 - 7 =$

13を　10と　3，14を　10と　4に　わけると　いいね。

こたえが おなじ かあどを ━━^{せん}━━で むすびましょう。

【1もん 5てん】

① | 13 − 6 | •   • | 13 − 8 |

② | 14 − 8 | •   • | 13 − 7 |

③ | 14 − 9 | •   • | 14 − 7 |

 ひきざんを しましょう。

【1もん 7てん】

① 13 − 9 =

② 13 − 5 =

③ 14 − 6 =

④ 13 − 8 =

⑤ 14 − 7 =

まず 10から
ひいて みよう！

がつ　にち

てん

1 ひきざんを しましょう。 【1もん 5てん】

① $10 - 7 =$

② $16 - 7 =$

③ $16 - 8 =$

④ $16 - 9 =$

⑤ $15 - 9 =$

⑥ $15 - 8 =$

⑦ $15 - 6 =$

⑧ $15 - 7 =$

⑨ $17 - 9 =$

⑩ $18 - 9 =$

10と いくつに わけて かんがえて みよう。

2 こたえが おなじ かあどを <u>せん</u>で むすびま
しょう。

【1もん 5てん】

① 17 − 9 ・　　　・ 15 − 8

② 17 − 8 ・　　　・ 15 − 7

③ 16 − 9 ・　　　・ 15 − 6

 3 ひきざんを しましょう。　　【1もん 7てん】

① 18 − 9 =　　　④ 15 − 9 =

② 16 − 7 =　　　⑤ 16 − 8 =

③ 16 − 9 =

> まちがえた ところは
> なおしを しよう！

がつ　にち

てん

① ひきざんを しましょう。　　【1もん　4てん】

① $9 - 4 =$

② $10 - 7 =$

③ $16 - 9 =$

④ $13 - 6 =$

⑤ $15 - 8 =$

⑥ $11 - 8 =$

⑦ $10 - 6 =$

⑧ $10 - 5 =$

⑨ $15 - 7 =$

⑩ $18 - 9 =$

⑪ $12 - 6 =$

⑫ $14 - 7 =$

ひきざんの ふくしゅうを しよう！

2 ひきざんを しましょう。 【1もん 5てん】

① 11 - 4 =

④ 11 - 2 =

② 12 - 3 =

⑤ 12 - 5 =

③ 13 - 5 =

3 こたえが 8に なる かあどを つくります。
□に あう かずを かきましょう。 【1もん 6てん】

① | 10 - □ |

② | 13 - □ |

4 こたえが 4に なる かあどを つくります。
□に あう かずを かきましょう。 【1もん 5てん】

① | □ - 8 |

③ | □ - 6 |

② | □ - 9 |

ヤッターッ！
ひきざんは おわり！

★ 54 ★

1 たしざんを しましょう。 【1もん 5てん】

① $9 + 3 =$

④ $8 + 6 =$

② $8 + 4 =$

⑤ $6 + 5 =$

③ $2 + 9 =$

⑥ $7 + 8 =$

2 ひきざんを しましょう。 【1もん 5てん】

① $6 - 4 =$

④ $17 - 9 =$

② $10 - 5 =$

⑤ $11 - 3 =$

③ $12 - 7 =$

⑥ $13 - 6 =$

あとは うらの もんだいで おわりだよ。

3 こたえが 13に なる かあどを つくります。
□に かずを かきましょう。 【1もん 5てん】

① $9 + \boxed{}$

③ $\boxed{} + 8$

② $7 + \boxed{}$

④ $\boxed{} + 6$

4 こたえが おなじ かあどを ─せん─で むすびましょう。 【1もん 5てん】

① $16 - 8$ ・   ・ $15 - 9$

② $14 - 7$ ・   ・ $13 - 5$

③ $12 - 6$ ・   ・ $11 - 6$

④ $14 - 9$ ・   ・ $11 - 4$

これで おわりだよ。よく がんばったね！

1 5までの たしざん
P1・2

1
① 2　③ 4
② 3　④ 5

2
① l　④ 2
② 3　⑤ 2
③ 3

3
① 2　④ 5
② 3　⑤ 3
③ 4　⑥ 4

4
① 4　⑤ 4
② 5　⑥ 5
③ 3　⑦ 5
④ 4

2 いくつと いくつ ①
P3・4

1
① 2　⑤ 3　⑨ 5
② l　⑥ 4　⑩ 4
③ 3　⑦ 2　⑪ 3
④ 2　⑧ l

2
① 5　⑥ 7　⑪ 8
② 6　⑦ 5　⑫ 7
③ 4　⑧ 6　⑬ 6
④ 3　⑨ 4　⑭ 5
⑤ 2　⑩ 3

3 いくつと いくつ ②
P5・6

1
① 2　④ 4
② 3　⑤ 7
③ l　⑥ 5

2
① 2　⑤ 3
② 3　⑥ 5
③ 5　⑦ 6
④ 4　⑧ l

3
① 2　⑤ 2
② l　⑥ 4
③ 4　⑦ l
④ 3　⑧ 3

4
① 2　④ 2
② 3　⑤ l
③ l　⑥ l

4 10までの たしざん ①
P7・8

1
① 5　④ 9
② 6　⑤ 8
③ 7　⑥ 10

2
① 6　④ 8
② 5　⑤ 10
③ 7　⑥ 9

3
① 5　④ 9
② 6　⑤ 7
③ 8　⑥ 10

4
① 5　④ 10
② 7　⑤ 9
③ 8

5
① 6　④ 9
② 8　⑤ 10
③ 7

5 10までの たしざん ②
P9・10

1
① 5　④ 8
② 7　⑤ 7
③ 6　⑥ 6

2
① 7　④ 10
② 9　⑤ 9
③ 8　⑥ 8

3
① 8　⑤ 9
② 8　⑥ 9
③ 9　⑦ 10
④ 9　⑧ 10

4
① 9　④ 10
② 9　⑤ 8
③ 10　⑥ 9

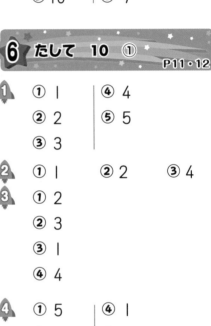

6 たして 10 ①
P11・12

1
① 1　④ 4
② 2　⑤ 5
③ 3

2
① 1　② 2　③ 4

3
① 2
② 3
③ 1
④ 4

4
① 5　④ 1
② 2　⑤ 3
③ 4

7 たして 10 ②
P13・14

1
① 5　④ 8
② 6　⑤ 9
③ 7

2
① 6
② 8
③ 7
④ 9

3
① 5
② 7
③ 8
④ 6

4
① 9　　⑤ 5
② 7　　⑥ 2
③ 6　　⑦ 1
④ 8

8 10たす いくつ
P15・16

1
① 12　　⑥ 3
② 13　　⑦ 7
③ 15　　⑧ 1
④ 4　　⑨ 10
⑤ 8　　⑩ 10

2
① 11　　⑥ 12
② 15　　⑦ 17
③ 18　　⑧ 13
④ 16　　⑨ 19
⑤ 14　　⑩ 20

9 9たす いくつ
P17・18

1
（うえ から じゅんに）
1, 2, 2

2
① 13　　③ 15
② 14　　④ 16

3
① 12　　④ 15
② 13　　⑤ 17
③ 11　　⑥ 18

4
① 14　　⑤ 13
② 16　　⑥ 17
③ 11　　⑦ 15
④ 18

10 8たす いくつ
P19・20

1
（うえ から じゅんに）
2, 1, 1

2
① 12　　③ 14
② 13　　④ 15

3
① 11　　④ 14
② 12　　⑤ 15
③ 13　　⑥ 17

4
① 13　　⑤ 16
② 17　　⑥ 12
③ 11　　⑦ 15
④ 14

11 7たす いくつ / 6たす いくつ　P21・22

1
① 12　③ 11
② 14　④ 13　⑤ 15

2
① 11　② 13
　　　③ 15
　　　④ 12

3
① 11　⑦ 12
② 14　⑧ 11
③ 12　⑨ 15
④ 13　⑩ 13
⑤ 15　⑪ 14
⑥ 16

12 5たす～2たす　P23・24

1
① 11　③ 13
② 12　④ 14

2
① 12　④ 11
② 11　⑤ 11
③ 13

3
① 11　⑦ 12
② 11　⑧ 13
③ 12　⑨ 13
④ 10　⑩ 11
⑤ 11　⑪ 12
⑥ 14

13 たして 12まで　P25・26

1
① 10　⑥ 12
② 11　⑦ 10
③ 11　⑧ 11
④ 12　⑨ 12
⑤ 11　⑩ 11

2
① 12　④ 11
② 12　⑤ 12
③ 12　⑥ 11

3
① 2　③ 5
② 4　④ 3

14 たして 14まで　P27・28

1
① 11　⑥ 13
② 12　⑦ 14
③ 13　⑧ 12
④ 14　⑨ 13
⑤ 12　⑩ 14

2
① 13　⑤ 13
② 14　⑥ 14
③ 12　⑦ 13
④ 14　⑧ 13

3
① 5　③ 7
② 6

15 たして 18まで
P29・30

1
① 14 ⑥ 15
② 16 ⑦ 17
③ 18 ⑧ 14
④ 15 ⑨ 16
⑤ 17 ⑩ 15

2
① 15 ⑤ 16
② 15 ⑥ 15
③ 17 ⑦ 18
④ 14 ⑧ 16

3
① 7 ③ 8
② 9

16 たしざんの まとめ
P31・32

1
① 10 ⑥ 12
② 10 ⑦ 13
③ 11 ⑧ 15
④ 14 ⑨ 16
⑤ 15 ⑩ 18

2
① 7 ③ 6
② 4 ④ 3

3

① 9+4 ・   ・ 8+6
② 7+7 ・   ・ 5+8
③ 8+7 ・   ・ 7+4
④ 3+8 ・   ・ 9+6

17 10までの かずからの ひきざん ①
P33・34

1
① 1 ④ 3
② 3 ⑤ 1
③ 2 ⑥ 2

2
① 5 ③ 3
② 4 ④ 2

3
① 5 ③ 2
② 4 ④ 1

4
① 7 ④ 1
② 5 ⑤ 2
③ 4 ⑥ 3

5
① 8 ④ 2
② 6 ⑤ 3
③ 1 ⑥ 4

6
① 9 ④ 8
② 7 ⑤ 3
③ 5 ⑥ 4

18 10までの かずからの ひきざん ②
P35・36

1
① 3 ④ 4
② 7 ⑤ 7
③ 5 ⑥ 3

2
① 1 ④ 6
② 3 ⑤ 3
③ 5 ⑥ 2

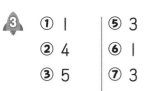

3
① | ⑤ 3
② 4 ⑥ |
③ 5 ⑦ 3
④ 2 ⑧ |

4
① 5 ⑤ 5
② 4 ⑥ 8
③ 2 ⑦ 2
④ 2 ⑧ 6

19 10と いくつ
P37・38

1
① 2 ④ 5
② 4 ⑤ 3
③ 8 ⑥ 6

2
①10 ④10
②10 ⑤10
③10

3
① 4 ⑤ 3
② 2 ⑥ 6
③ 5 ⑦ 8
④ 7

4
① 5
② 7
③ 4

20 ひく9
P39・40

1
① 2 ② | ③ |

2
① 4 ② 6
⑧ 5 ③ 5

3
① 2 ⑤ 6
② 3 ⑥ 7
③ 4 ⑦ 8
④ 5 ⑧ 9

4
① 3 ④ 9
② 7 ⑤ 6
③ 4 ⑥ 2

21 ひく8
P41・42

1
① 3 ② 2 ③ 2

2
① 6 ② 8
③ 4

3
① 3 ④ 4
② 7 ⑤ 9
③ 6 ⑥ 8
⑦ 5

4
① 7 ⑤ 5
② 3 ⑥ 9
③ 8 ⑦ 6
④ 4

22 ひく7, ひく6

P43・44

1
① 5　⑥ 6
② 6　⑦ 5
③ 7　⑧ 7
④ 8　⑨ 9
⑤ 9　⑩ 8

2
① 5　④ 7
② 4　⑤ 9
③ 8　⑥ 6

3
① 7　④ 5
② 6　⑤ 8
③ 9

23 ひく5〜ひく2

P45・46

1
① 7　⑥ 9
② 6　⑦ 8
③ 8　⑧ 9
④ 8
⑤ 9

2
① 5　⑦ 8
② 6　⑧ 9
③ 8　⑨ 7
④ 7　⑩ 9
⑤ 9　⑪ 8
⑥ 7　⑫ 9

24 11ひく, 12ひく

P47・48

1
① 7　⑥ 8
② 9　⑦ 9
③ 7　⑧ 8
④ 6　⑨ 5
⑤ 7　⑩ 6

2
① 11−7 •——• 12−8
② 12−4 •　　• 12−6
③ 11−5 •　　• 11−3

3
① 2　④ 3
② 4　⑤ 5
③ 3

25 13ひく, 14ひく

P49・50

1
① 6　⑥ 4
② 9　⑦ 5
③ 8　⑧ 6
④ 7　⑨ 8
⑤ 5　⑩ 7

2
① 13−6 •　　• 13−8
② 14−8 •　　• 13−7
③ 14−9 •　　• 14−7

3
① 4　④ 5
② 8　⑤ 7
③ 8

★ **63** ★

1
① 3 ⑥ 7
② 9 ⑦ 9
③ 8 ⑧ 8
④ 7 ⑨ 8
⑤ 6 ⑩ 9

2
① 17−9 • — • 15−8
② 17−8 • ╳ • 15−7
③ 16−9 • — • 15−6

3
① 9 ④ 6
② 9 ⑤ 8
③ 7

1
① 5 ⑦ 4
② 3 ⑧ 5
③ 7 ⑨ 8
④ 7 ⑩ 9
⑤ 7 ⑪ 6
⑥ 3 ⑫ 7

2
① 7 ④ 9
② 9 ⑤ 7
③ 8

3
① 2 ② 5

4
① 12 ③ 10
② 13

1
① 12 ④ 14
② 12 ⑤ 11
③ 11 ⑥ 15

2
① 2 ④ 8
② 5 ⑤ 8
③ 5 ⑥ 7

3
① 4 ③ 5
② 6 ④ 7

4
① 16−8 • — • 15−9
② 14−7 • ╳ • 13−5
③ 12−6 • ╳ • 11−6
④ 14−9 • — • 11−4